在家也能吃

台菜

71道簡易台灣家常料理

男人廚房1+1

Colin Chen

自序

　　我從小就愛吃、愛看料理的相關資訊，學的是設計，換過許許多多類型的工作，但我從來沒有想過自己會走上料理這條路。

　　相信一開始我和大家一樣，「下廚」這件事情都離生活有着一段的距離，甚至可以説是種挑戰吧，更不用説華人社會多半都還是和長輩一起居住，所以煮飯這件事也大多不會落在我們的肩上，何況現在外食如此方便，最後真的沒有辦法了，在外吃晚餐這個選項也一定是排在「下廚」之前；這一切也都和大家相同的存在於我的生活中。

　　儘管愛吃、愛看料理，但是始終沒有機會把這些東西利用上，直到 2012 年我到加拿大唸書開始，才有機會把多年累積下來的料理知識與技巧真正的運用出來，也是在那個時候點燃了我對料理的熱情，漸漸的發現自己樂在其中，料理對我來説真的太有趣了。

　　從此「下廚」這件事情就出現在我每天的生活中，即使後來回到台灣以後，我還是堅持有時間一定要自己下廚。

　　2014 年台灣接連的爆發食品安全問題，在朋友的鼓勵之下我也開始將自己的料理放上網路和大家分享，沒想到受到不少的朋友喜愛，漸漸的也接到很多食品廠商的邀請為他們撰寫食譜，也獲選到了新加坡和世界名廚江振誠 Chef 學習的機會，甚至是出版屬於自己的食譜書，短短的時間，料理這件事情為我的人生帶來了許多改變。

　　因為這些事情的結合，我更加的希望能夠為大家做菜，分享我的料理經驗，由於我並不是學習料理科系出身的，所以在我的食譜中很多料理的製作過程都會選擇更簡易，更符合現在家用廚房的方式呈現，相信大家一定會很容易上手的。

　　我是 Colin，我沒有料理的背景，如果我可以，相信你一定也可以，讓我們一起做菜吧！！

目錄

目錄

Chapter 1

豬牛羊

　　身處台灣想不到吃甚麼？很多人會去吃一碗肉燥飯。早期的台灣家庭都會自己在家煮肉燥，因為絞肉是相對便宜的肉類，煮一鍋可以吃上好一段時間，而且有愈滷愈香的特性，也能夠運用在不同的料理中。肉燥的製法，在台灣北、中、南部都有着自己的特色，例如作法、所用香料各異，或是使用不同的部位，甚至切法也不一樣。

　　隨着生活條件的改善，大家開始追求更多元化的肉類料理，也會鑽研各種烹煮方法，以下我會介紹 12 道以豬牛羊為主要食材的台式家常料理，在家做菜時，就可以有更多不同的選擇喔！

台式焢肉

材料

豬五花肉（五花腩）	900 克	醬油	150 毫升
青蔥（切段）	2 根	冰糖	2½ 湯匙
薑	7 片	八角	4 粒
蒜頭	6 瓣	水	400 毫升
米酒	2 湯匙		

4 人份
30 分鐘

做法

豬五花肉切成大塊狀，下油鍋煎至表面金黃微焦。

移除鍋中多餘的油，加入蔥段、薑片與蒜頭一起爆香後起鍋備用。

另外起油鍋，將 2 湯匙的冰糖下鍋炒溶化，呈焦糖色後加入水繼續煮滾。

接着將炒過的豬肉倒回鍋中，並加入米酒、醬油、½ 湯匙的冰糖與八角一起燉煮。

煮至醬汁稍微收乾，豬肉都均勻滷透就完成了。

蒼蠅頭

材料	韭菜花（切碎）	1 把	蒜末	1 茶匙
	豬絞肉（免治豬肉）	250 克	薑末	少許
	辣椒（切粒）	1 隻	醬油	少許
3 人份 10 分鐘	豆豉	1½ 湯匙	糖	少許

做法

油鍋燒熱，將薑、蒜末下鍋爆香。

再來將豬絞肉下鍋炒熟。

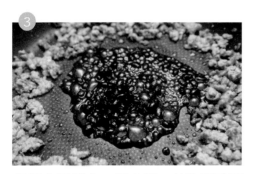

鍋子中間騰出一個空間，並將豆豉下鍋炒香。

放入韭菜花稍微翻炒後，加入少許醬油調味。

起鍋前再加入辣椒粒和糖調味就完成了。

TIPS

如果使用的是乾豆豉，請用水先浸泡，炒的時候同樣先炒香豆豉，最後再把豆豉水一起加入拌炒即可。

紅糟肉

材料

豬五花肉（五花腩）	400 克	
地瓜粉	適量	

4 人份
20 分鐘

醃料		
薑末	1 茶匙
蒜末	1 茶匙
醬油	1 湯匙
米酒	1 湯匙
紅糟醬	2 湯匙
糖	1 茶匙

做法

豬五花肉與醃料充分混合後，醃製
1 晚（至少 6 小時）。

將豬肉均勻地沾裹地瓜粉。

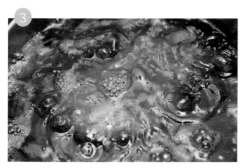

用 170°C 的油溫將豬肉炸至七分熟後
起鍋。

將油溫提高至 200°C，再將豬肉回鍋
炸至全熟，即可切件食用。

TIPS

≡ 炸好的紅糟肉會因為紅糟的品牌不同而有不一樣的紅色。

≡ 吃的時候可以沾上甜辣椒醬同吃。

≡ 紅糟醬可以在傳統的糧油雜貨店或售賣台灣食品的店鋪找到。

清燉牛肉

材料

牛肋條	1 公斤		青蔥	3 根	
牛腱	2 條		水	2500 毫升	
薑	3 片				
紅蘿蔔	2 根		中藥包 花椒	1 茶匙	
白蘿蔔	1 根		八角	1 錢	
洋蔥	1 個				

5 人份
120 分鐘

做法

牛肋條、牛腱、青蔥、洋蔥、薑片與水放入鍋中，大火煮滾後，轉小火繼續熬煮約 60 分鐘，之後將洋蔥、青蔥和薑片拿掉，並把牛肉取出放涼，備用。

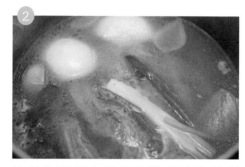

熬煮的過程中仔細的將浮沫和雜質移除。

接着將紅、白蘿蔔與中藥包放入牛肉湯中熬煮至紅、白蘿蔔軟腍。

將牛肉切塊，放回湯中繼續燉煮約 30 分鐘就完成了。

瓜仔肉燥

材料	豬絞肉（免治豬肉）	500 克	水	400 毫升
	花胡瓜罐頭	1 罐	米酒	1 湯匙
4 人份 15 分鐘	蒜末	1 湯匙	糖	少許

做法

花胡瓜切碎備用。醬汁留着備用。

油鍋燒熱，將蒜末爆香。

再來加入豬絞肉一起拌炒，並淋上米酒去腥味。

接着放入花胡瓜和水一起煨煮。

最後再倒入花胡瓜的醬汁一起煮至入味，並依照個人喜好添加少許糖調味就完成了。

TIPS

豬絞肉建議選擇粗一點的絞肉，吃起來會比較有口感。

花胡瓜又稱小黃瓜，亦即香港人平常吃的青瓜。

竹筍炒肉絲

材料				
	筍絲	350 克	白胡椒粉	少許
	豬肉（切絲）	150 克	鹽	少許
	蒜頭	5 瓣	水／高湯	2 湯匙
4 人份	辣椒（切粒）	1 隻	芡水（生粉水）	1 湯匙
10 分鐘	蔥花	少許		

做法

蒜頭爆香後，加入豬肉絲一起拌炒。

接着加入筍絲一起拌炒。

稍微拌炒後加入水或高湯煨煮。

接着加入鹽和白胡椒粉調味。

最後加入芡水收汁，起鍋前加入蔥花
與辣椒粒稍微拌炒後就完成了。

空心菜炒牛肉

空心菜炒牛肉

材料				醃料		
	牛肉（切絲）	150 克			醬油	1½ 湯匙
	空心菜（通菜）	1 把			蛋黃	1 隻
3 人份	蒜頭	3 瓣			米酒	1 湯匙
10 分鐘	辣椒	少許			白胡椒粉	少許
	鹽	少許			香油（麻油）	1 茶匙
					糖	少許
					太白粉（生粉）	1 湯匙

做法

牛肉絲與醃料混合均勻後，醃製約 10 分鐘。

油鍋燒熱，將牛肉絲炒至 7 分熟後起
鍋備用。

將蒜頭下鍋爆香後，加入空心菜梗約
略拌炒。

接着將牛肉與空心菜葉一起倒入鍋中
拌炒。

牛肉與空心菜炒熟後，再加入辣椒和
適量的鹽調味，即可起鍋。

TIPS

空心菜的梗比較厚，所以先炒梗再炒葉，這樣熟
成的時間才會一致。

鹹豬肉

材料	豬五花肉（五花腩）	600 克	花椒粒	1 湯匙
	米酒	2 湯匙	五香粉	1 茶匙
	鹽	15 克	蒜苗	2 根
4 人份	蒜末	2 湯匙	辣椒（切粒）	1 隻
10 分鐘	黑胡椒粉	1 湯匙	糖	少許

做法

豬五花肉洗淨擦乾後，用米酒和鹽均勻地按摩。

接着把 1 湯匙蒜末、黑胡椒粉、花椒粒和五香粉均勻地沾裹在豬肉上，並用塑膠袋包起來，放入冰箱冷藏 2-3 天。

待豬肉醃製好後，起油鍋，先將約 1 湯匙蒜末爆香。

醃肉切成小塊狀，下鍋拌炒。

等到豬肉炒至約 9 分熟後，再將蒜苗下鍋一起拌炒。

起鍋前加入辣椒粒，並依照個人喜好添加少許糖調味就完成了。

排骨酥

材料					
	排骨	800 克		蒜末	1 茶匙
	蛋黃	1 隻		醬油	1½ 湯匙
	地瓜粉	適量	醃	米酒	1 湯匙
4 人份			料	糖	1½ 茶匙
20 分鐘				白胡椒粉	⅔ 茶匙
				五香粉	少許

做法

排骨與醃料充分混合,醃製約 60 分鐘。

將蛋黃加入已醃製的排骨中,拌勻。

將排骨均勻地沾裹地瓜粉。

用 170°C 的油溫將排骨炸至 7 分熟後起鍋。

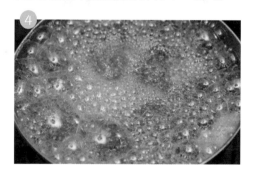

開大火加熱油溫至 190-200°C,將排骨回鍋炸至金黃酥脆即可。

TIPS

炸好的排骨酥可以直接吃,也可以煮成排骨酥湯或是糖醋排骨,吃法非常的多元化。

麻油松阪豬

材料	松阪豬（豬頸肉）	250 克	水	200 毫升
	杏鮑菇（切片）	250 克	黑麻油	1 湯匙
4 人份	米酒	3 湯匙	杞子	少許
20 分鐘	薑	6 片	鹽	少許

做法

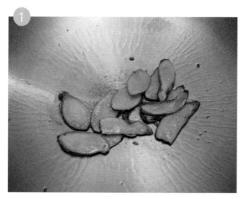

油鍋燒熱，先將薑片煸過。

加入松阪豬和杏鮑菇一起拌炒，炒至杏鮑菇呈濕潤狀。

接着加入米酒和水煮滾。

起鍋前放入杞子和鹽調味，最後淋上黑麻油就完成了。

TIPS

黑麻油不耐高溫，所以起鍋前加入即可，這樣香氣不但依然足夠，還更健康喔。

酒跟水的比例可以依照自己的口味做增減。

菠菜炒羊肉

菠菜炒羊肉

材料			醃料		
	羊肉片	150 克		沙茶醬	1 茶匙
	菠菜	1 把		醬油	1 茶匙
3 人份	蒜頭	4 瓣		蛋液	½ 隻
15 分鐘	辣椒絲	少許			
	沙茶醬	1 湯匙			
	醬油	1 湯匙			
	糖	少許			

做法

羊肉與醃料充分混合。

油鍋燒熱,將羊肉炒至約 7 分熟後起鍋備用。

另外起一個油鍋,蒜頭爆香後,將菠菜梗先下鍋拌炒。

接着加入菠菜葉稍微拌炒。

最後放入羊肉、醬油與沙茶醬拌炒均勻。

起鍋前放入辣椒絲與少許糖調味就完成了。

TIPS

羊肉片很容易破散,所以醃製的過程中盡量不要太粗魯。

菠菜梗的部分比較不容易熟,所以先下鍋炒過,整道菜熟成的時間才會一致。

客家小炒

材料

豆乾	150 克	蒜頭	3 瓣
豬肉（切條）	200 克	米酒	2 湯匙
芹菜（切段）	4 根	醬油	2 湯匙
乾魷魚	1 隻	蠔油	1 湯匙
青蔥（切段）	5 根	水	2 湯匙
蒜苗（切段）	（可省略）1 根	白胡椒粉	少許
辣椒粒	少許		

3 人份
15 分鐘

做法

1. 先將魷魚剪成小條狀後泡水備用（約 30 分鐘）。

2. 將豬肉條下鍋炒至金黃出油。

3. 接着倒入已浸泡的魷魚，繼續拌炒直至聞到香氣後起鍋備用。

4. 用同一個鍋，以剩餘的油將豆乾煎至表面呈現金黃微焦後，起鍋備用。

5. 新的油鍋中，先將蒜頭爆香，然後倒入豬肉、魷魚和豆乾。

6. 接着加入米酒、醬油、蠔油、白胡椒粉和水，並拌炒均勻。

7. 待醬汁收乾後加入芹菜、蔥段與蒜苗一起拌炒。

8. 起鍋前再依照個人喜好加入辣椒粒就完成了。

TIPS

魷魚逆紋切才不會因為加熱而捲曲。

所有的材料都要經過爆香，這樣炒出來的客家小炒才會有口感又夠味喔。

Chapter 2

雞鴨

提到台灣夜市，不少人可能會想到士林夜市中那塊超大的雞排。而榮登台灣人最喜愛口味的雞料理，正是醃製後裹上麵粉放入油鍋炸至金黃酥脆的雞排。

傳統台灣家庭跟香港一樣，還是會在家裡自己煮「白斬雞」，尤其是傳統大家庭的聚會，因為雞肉在以前農村社會還是比較少食用的肉品，所以在大家團聚的時候或是有事情要慶祝才會出現在餐桌。現在大多是小家庭，經濟也比較好了，一整隻的雞在家比較不方便料理，所以大多轉變成在外購買為主，但是白斬雞現在也還是很常見的喔。

除了白斬雞外，台灣料理中也有不同的雞和鴨烹煮方法，我會為大家介紹 8 個不同的雞和鴨料理食譜。

三杯雞

材料	雞（切件）	½ 隻	冰糖	1 湯匙
	蒜頭	6 瓣	蠔油	3 湯匙
/	薑	6 片	香油（麻油）	1 湯匙
3 人份	青蔥（切段）	1 根	米酒	1 湯匙
20 分鐘	九層塔	適量	水	½ 碗
	辣椒粒	適量		

做法

首先將雞肉燙約 2-3 分鐘，再用冷水洗淨後備用。

油鍋燒熱，將蒜頭、薑片和蔥白爆香，炒至微焦。

加入雞肉一起拌炒，炒至雞肉表皮微微焦黃後下冰糖，將冰糖炒到焦糖化。

從鍋邊倒入米酒炒香後，加入蠔油和水，以大火煨煮。

等到湯汁收乾後，加入青蔥、辣椒粒和九層塔一起拌炒，起鍋前淋上少許香油，稍微拌炒一下就完成了。

TIPS

香油不耐高溫，所以開始爆香的時候請用一般菜油，最後才淋上香油，這樣不但讓菜式添上一陣芝麻香味，也更健康。

炒過的糖令雞肉看起來更增醬色。

鹹酥雞

材料				醃料		
	雞胸肉／去骨雞腿肉	500 克			醬油	1 湯匙
	地瓜粉	適量			米酒	1 湯匙
	九層塔	適量			糖	1 茶匙
4 人份	胡椒鹽	適量			雞蛋	1 隻
15 分鐘					白胡椒粉	½ 茶匙
					五香粉	½ 茶匙
					辣椒粉 （可省略）少許	

做法

雞肉切成小塊狀後與醃料充分混合，
醃製至少 45 分鐘。

將雞肉均勻地沾裹地瓜粉。

用 180°C 的油溫將雞肉炸至表皮金黃
酥脆。

起鍋前開大火並將九層塔下鍋油炸約
15-20 秒即可，起鍋後在雞件上灑少
許胡椒鹽就完成了。

TIPS

家中沒有胡椒鹽的話，可以用白胡椒粉混合少許
五香粉和鹽即可。

椒麻雞

椒麻雞

材料

3 人份
15 分鐘

雞腿		2 隻
高麗菜（椰菜）絲		⅛ 棵

醃料

醬油		1 湯匙
米酒		1 茶匙
蒜末		1 茶匙
白胡椒粉		少許

醬汁

醬油		1½ 湯匙
檸檬汁		2 湯匙
糖		2 湯匙
魚露		1 湯匙
花椒油		½ 湯匙
蒜頭（切末）		2 瓣
香菜（芫茜）末		少許
辣椒末		少許

做法

雞腿洗淨，去骨切塊，與醃料混合醃製約 30 分鐘。

將**醬汁**的材料充分混合後備用。

接着將雞腿肉下油鍋煎至兩面金黃且熟透。

最後再盛盤，放上高麗菜絲與已切件的雞腿肉，淋上調製好的醬汁就完成了。

TIPS

☰ 煎雞腿肉的時候皮的那面先下鍋。

☰ 高麗菜絲可以依照個人喜好增減。

酸菜鴨肉冬粉

材料

酸菜	150 克	米酒	3 湯匙
鴨肉	600 克	水／高湯	1500 毫升
冬粉（粉絲）	2 份	冬菜	少許

4 人份
60 分鐘

做法

鴨肉汆燙過後洗淨備用。

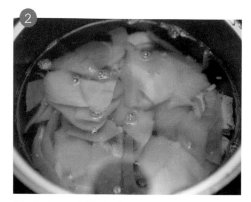

將鴨肉、酸菜與水一起入鍋，中大火煮滾後轉小火繼續熬煮約 45 分鐘。

加入米酒後將冬粉入鍋，冬粉煮熟後即可起鍋。

吃的時候再放上少許冬菜即可。

TIPS

酸菜與冬菜都有鹹度，所以食譜中沒有加鹽，可按個人喜好加鹽來調整味道。

芋頭燒雞

材料	雞肉	700 克	醬油	2 湯匙
	芋頭	350 克	水	100 毫升
	冰糖	1 湯匙	薑	5-6 片
4 人份 30 分鐘	米酒	1½ 湯匙	蔥段	適量

做法

芋頭切塊後下鍋油煎至表面金黃，起鍋備用。

雞肉洗淨、瀝乾，下鍋煎至外皮金黃微焦後，起鍋備用。

利用鍋中剩餘的油將薑片、蔥段爆香。

將芋頭與雞肉倒入鍋中。

加入冰糖，並將冰糖炒至溶化。

待冰糖溶化後加入米酒、醬油和水一起煨煮。

煮至醬汁收乾後就完成了。

台式炸雞翅

材料

/

2 人份
25 分鐘

雞翅膀	4 隻		蒜頭（切末）	2 瓣
中筋麵粉	1 湯匙		糖	1 湯匙
地瓜粉	2½ 湯匙		五香粉	½ 茶匙
		醃料	米酒	1 湯匙
			白胡椒粉	½ 茶匙
			醬油	1 茶匙
			香油（麻油）	1 湯匙
			雞蛋	1 隻

做法

雞翅膀洗淨擦乾，然後與**醃料**充分混合醃製約 45 分鐘。

接着加入中筋麵粉與地瓜粉，並讓雞翅膀均勻沾裹麵糊。

起油鍋，用 170℃ 的油溫將雞翅膀油炸約 7-8 分鐘，撈起。之後開大火，將雞翅膀回鍋再炸至表面呈金黃色且雞翅膀熟透即可。

TIPS

可以將麵粉直接換成市售的酥炸粉，吃起來會更脆口喔。

將雞翅膀回鍋再炸，除了能逼出油分，也能使外皮更脆口。

花雕雞

材料

雞	½ 隻	辣椒粒			適量
洋蔥	½ 個	冰糖			1 湯匙
蒜頭	6 瓣	醬油			1½ 湯匙
薑	6-7 片	花雕酒			125 毫升
青椒	½ 個				
紅、黃甜椒（燈籠椒）	各 ½ 個	**醃**	醬油		2 湯匙
青蔥（切段）	2 根	**料**	花雕酒		1 湯匙

3 人份
25 分鐘

做法

1. 雞洗淨後剁塊，與**醃**料充分混合後備用。

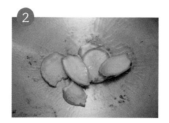

2. 油鍋燒熱，將薑片與蒜頭下鍋爆香。

3. 接著加入雞肉煎至外皮金黃微焦。

4. 加入冰糖，將冰糖炒至溶化。

5. 倒入花雕酒與醬油繼續煨煮雞肉。

6. 待醬汁微微收乾後加入洋蔥、青椒和甜椒拌炒。

7. 起鍋前加入青蔥與辣椒粒，並在鍋邊淋上 1 湯匙花雕酒（材料以外）就完成了。

TIPS

為了保持洋蔥、青椒和甜椒脆口的口感，所以不需要長時間煨煮，炒熟即可。

最後淋上花雕酒是為了增強酒的香氣，如果不喜歡的人可以省略。

薑母鴨

材料

5 人份
60 分鐘

鴨肉	900 克		桂枝	2 錢
老薑	200 克		當歸	2 錢
米酒	300 毫升	**中**	川芎	1 錢
香油（麻油）	100 毫升	**藥**	黨參	2 錢
水	1500 毫升	**材**	黃芪	1 錢
鹽	少許		熟地	1 片
			黑棗	5 兩

做法

老薑洗淨、拍扁後，下鍋炒香。

接着將鴨肉一起入鍋拌炒。

加入米酒、水和**中藥材**一起熬煮約
45 分鐘。（黑棗外的中藥材可以用
棉袋做成中藥包。）

起鍋前加入香油和鹽調味就完成了。

TIPS

喜歡薑味重一點的人可以增加薑的分量，並用榨
汁機將薑打成薑泥，過濾後再加入湯中即可。

Chapter 3

海鮮

　　台灣四周環海，所以海鮮類的相關水產都很豐富。芸芸的台灣海鮮類美食中，相信無人不曉「蚵仔煎」，這款以新鮮蚵仔、地瓜粉漿、雞蛋與青菜煎成半黏稠狀的傳統小吃，漸漸由街邊小吃演變為經典台菜。蚵仔也是台灣菜中經常用到的食材，例如蚵仔麵線、蚵仔酥、蚵仔粥等。我們一直被教導說蚵仔是海中的牛奶，對身體有很大的補益，大家也就因此喜歡蚵仔相關的料理了。

　　除了蚵仔外，台灣人其實還非常善於利用各類海產煮出不同風味的家常菜，以下介紹的12道海鮮料理，食材都不難在香港找到，大家不妨試試看喔！

三杯中卷

材料				
	中卷（魷魚）	300 克	醬油膏	1 湯匙
	薑	5-6 片	米酒	1 湯匙
3 人份	蒜頭	3 瓣	冰糖	1½ 茶匙
10 分鐘	青蔥（切段）	2 根	九層塔	少許
	辣椒粒	少許	香油（麻油）	適量
	醬油	½ 湯匙		

做法

蒜頭、薑片和蔥白下鍋爆香。

接着將中卷下鍋拌炒，炒至鍋子沒有湯汁。（注意中卷會出水。）

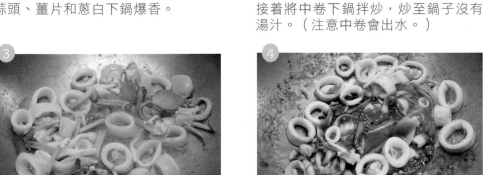

加入冰糖與米酒，並稍微拌炒。

之後再加入醬油和醬油膏拌炒。

湯汁微微收乾後加入九層塔、蔥段和辣椒粒，起鍋前淋上少許香油就完成了。

TIPS

中卷會出水，所以記得要炒至冒出來的水分都乾了以後，才可以進行下一個步驟喔。

因為香油不耐高溫，所以最後才加入提香即可。

醬油膏比香港一般用到的醬油較濃稠鮮味，在售賣台灣食品的店鋪可找到。

醬爆蝦

材料				
	鮮蝦	600 克	米酒	1 湯匙
	蒜頭	6 瓣	醬油膏	2 湯匙
	青蔥（切段）	2 根	白胡椒粉	少許
3 人份 10 分鐘	辣椒（切粒）	1 隻		

做 法

首先將蒜頭爆香。

接着將鮮蝦下鍋拌炒至 7 分熟。

再來加入米酒、醬油膏與白胡椒粉調味。

起鍋前放入蔥段與辣椒粒稍微拌炒一下就完成了。

塔香蛤蜊

材料

蛤蜊（蜆）	600克	九層塔	少許
薑絲	少許	蠔油	1 湯匙
蒜頭	3 瓣	米酒	1 湯匙
青蔥（切段）	2 根	糖	1 茶匙

3 人份
10 分鐘

做法

先將薑絲與蒜頭爆香。

然後加入蛤蜊拌炒。

倒入米酒與蠔油一起拌炒至蛤蜊熟透。

起鍋前加入糖調味，並放入九層塔與
蔥段一起拌炒就完成了。

TIPS

可以依照個人喜好把蛤蜊換成海瓜子，即香港人叫的薄殼。

破布子蒸魚

材料

鱸魚	1 條	米酒	1 湯匙
破布子（樹子）	2 湯匙	蔥（切段及絲）	2 根
破布子湯汁（樹子湯汁）	2 湯匙	薑	5 片
糖	1 茶匙	辣椒（切絲）	1 隻

3 人份
25 分鐘

做法

首先在魚背上劃兩刀。

將破布子及其湯汁、糖、米酒混合均勻後備用。

將蔥段、薑片和醬汁均勻地淋在魚身上，並用大火蒸約 15 分鐘。

15 分鐘後將蔥段與薑片取下，放上蔥絲與辣椒絲，再蓋上鍋蓋蒸 1 分鐘就完成了。

TIPS

魚可以換成任何喜歡的魚類。

蒸製的時間會因為魚的大小和火力而有所不同，請依照實際情況調整蒸製的時間。

破布子又稱香樹子或樹子，是台灣人常用的調味醬料之一，由破布木的果實醃製而成，微酸中略帶甘甜，可以用來炒菜、蒸魚等。在售賣台灣食品的店鋪可找到。

蟹黃豆腐

材料				
	蛋豆腐（玉子豆腐）	2 盒	鹽	少許
	蛋白	2 隻	糖	少許
	蛋黃	2 隻	米酒	1 湯匙
4 人份	紅蘿蔔泥	2 湯匙	薑末	1 茶匙
20 分鐘	蟹管肉	150 克	蔥花	少許
	太白粉（生粉）	1 茶匙	芡水（生粉水）	少許
	高湯	600 亳升		

做法

1 將少許的蟹管肉、蛋黃、紅蘿蔔泥與太白粉充分混合。

2 接着將步驟①的食材下鍋炒熟後備用。

3 蟹管肉汆燙過後備用。

4 蛋豆腐切成小塊狀，下鍋煎至外皮金黃後起鍋備用。

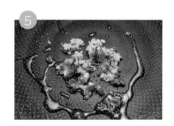

5 利用鍋中的油將薑末、少許的蔥花下鍋爆香。

6 再來加入高湯煮滾後，將豆腐倒入，並淋上少許的芡水勾芡。

7 最後再將步驟②的食材、汆燙過後的蟹管肉和蛋白入鍋，並加入米酒、鹽和糖調味，吃之前灑上少許蔥花就完成了。

TIPS

蟹管肉先汆燙過可以有去腥的作用喔。

台式炸透抽

台式炸透抽

材料				醃料		
	透抽（魷魚）	2 隻			米酒	1 湯匙
	地瓜粉	適量			醬油	1 湯匙
2 人份	九層塔	適量			糖	1 茶匙
15 分鐘	胡椒鹽	少許			蒜末	1 茶匙
					薑泥	少許
					白胡椒粉	少許

做法

將透抽切塊後，與醃料充分混合醃製約 30 分鐘。

之後加入約 1 湯匙的地瓜粉到已醃製
的透抽中。

讓透抽均勻地沾裹地瓜粉。

起油鍋,用 190°C 的油溫將透抽炸熟。

起鍋前轉大火,並加入適量的九層塔
一起油炸,就完成了。吃時可灑上少
許胡椒鹽。

TIPS

在台灣不時會聽到透抽、中卷、花枝等名稱,口感相
近但外形卻有所不同,在香港的街市或超級市場未必
有很仔細的分類,基本上用魷魚取代也可以哦!

透抽表面有一層黑膜,處理食材時最好先把它去掉,
這樣就不會有腥味了!

在醃料中加入少許的地瓜粉增加黏性,這樣可以幫助
後續的地瓜粉沾裹。

鳳梨蝦球

材料	蝦仁	400 克		雞蛋	1 隻
/	鳳梨（菠蘿）罐頭	1 罐	醃	鹽	少許
3 人份	美奶滋（蛋黃醬）	少許	料	美奶滋（蛋黃醬）	少許
15 分鐘	太白粉（生粉）	適量		干米粉（粟粉）	1 菜匙

做法

將蝦仁與醃料充分混合醃製約 15 分鐘。

接着將蝦仁均勻地沾裹太白粉。

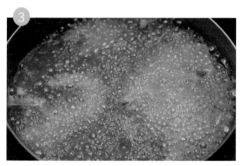

用 170℃ 左右的油溫將蝦仁炸至約六、七分熟後起鍋。

油溫提高至 190-200℃，將蝦仁回鍋炸至表面金黃酥脆。

取另一鍋子微微燒熱後關火，加入鳳梨片、少許的鳳梨汁、美奶滋和炸過的蝦仁，並將所有材料均勻混合後就完成了。

TIPS

最後一個步驟可以直接用炸蝦仁的油鍋，將炸油移除後利用其餘溫將食材拌勻。

步驟 5 中可以加入少許檸檬汁來增添香味，減少甜膩感。

豉汁蚵仔

材料	鮮蚵（蠔仔）	300 克	水	150 毫升
	豆豉	1 湯匙	蒜末	1 湯匙
	醬油	½ 湯匙	辣椒（切粒）	1 隻
3 人份	糖	1 湯匙	蔥花	少許
15 分鐘	米酒	1 湯匙		

做法

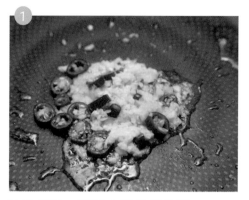

油鍋燒熱，將蒜末與辣椒爆香。

接着加入豆豉炒香。

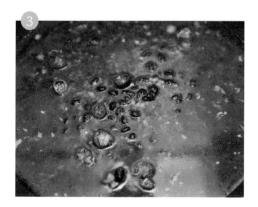

之後加入水、醬油和糖煮滾。

待醬料煮滾後加入鮮蚵與米酒，稍煮過後就可以灑上蔥花起鍋了。

TIPS

鮮蚵不耐久煮，所以下鍋後待鮮蚵稍微緊縮就可以準備起鍋了。

金錢蝦餅

金錢蝦餅

材料 /

4 人份
25 分鐘

蝦仁	300 克
鹽	½ 茶匙
薑泥	少許
糖	少許
麵包粉（麵包糠）	適量

沾醬	白醋	3 湯匙
	糖	3 湯匙
	魚露	1 茶匙
	辣椒（切末）	1 隻

做法

蝦仁剁碎，並留 ⅓ 的蝦仁切成小塊狀後備用。

將蝦仁與鹽、薑泥和糖混合，並攪拌至出黏性。

接着將蝦泥捏成圓扁狀，均勻地沾裹麵包粉。

用 170°C 的油溫將蝦餅下鍋油炸至七分熟後起鍋。

油溫提高至 190°C，將蝦餅回鍋炸至上色、熟透即可。

沾醬的部分，將白醋、糖與魚露均勻混合後，再加入辣椒末就完成了。

TIPS

蝦仁剁成不一樣的粗度可以讓蝦餅口感更豐富。

蝦仁也可以選擇兩種不一樣的品種混合，會令口感更多元。

沾醬可以下鍋加熱，這樣糖更容易溶化。

攪拌蝦膠時，要順着一個方向去攪拌，這樣才能產生黏性。

豆酥鱈魚

材料

鱈魚	1 塊	
豆酥	40 克	
蔥花	1 湯匙	
蒜末	1 湯匙	
糖	少許	
辣椒粒	少許	

**2 人份
25 分鐘**

醃料

米酒	1 湯匙
薑片	3-5 片
青蔥（切段）	1 根

做法

先將鱈魚與醃料均勻混合。

利用筷子把鱈魚架高，用中火蒸約 15 分鐘後起鍋備用。

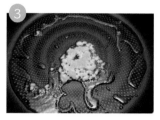

油鍋燒熱後爆香蒜末。

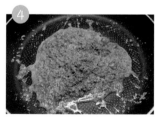

接着將豆酥下鍋炒香。

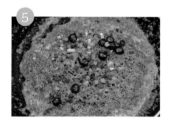

豆酥炒香後加入少許糖調味，並灑上少許蔥花與辣椒粒。

最後將豆酥淋在鱈魚上就完成了。

TIPS

利用筷子把鱈魚架高，可以讓魚蒸製的時間縮短。

豆酥以豆渣去水分烘乾而成，可以在售賣台灣食品的店鋪找到。市面上售賣的豆酥一般呈碎粒狀，若買到塊狀的，記得使用前先捏碎。

有些豆酥是沒有鹹味的，若是沒有鹹味的豆酥，記得加入少許鹽調味。

胡椒蝦

材料	鮮蝦	400 克	黑胡椒粉	少許
	米酒	100 毫升	鹽	少許
3 人份	蒜末	2 茶匙		
15 分鐘	白胡椒粉	1⅓ 茶匙	輔助工具：	吹風機

做法

蝦子挑腸、洗淨。

油鍋燒熱，將蒜末下鍋爆香。

加入蝦子稍微拌炒。

接着加入米酒、黑、白胡椒粉和鹽。

最後用吹風機幫助湯汁收乾，等湯汁
收乾後就完成了。

蛤蜊絲瓜

材料

絲瓜（水瓜）	600 克	蒜頭	6 瓣
蛤蜊（蜆）	400 克	鹽	適量
米酒	1 湯匙		

4 人份
15 分鐘

做法

絲瓜切片後備用。

油鍋燒熱，爆香蒜頭。

接著放入絲瓜拌炒。

待絲瓜表面呈現濕潤狀後加入蛤蜊，並在鍋邊加入米酒拌炒。

待絲瓜和蛤蜊的水分都釋放了以後，加入適量的鹽調味就完成了。

TIPS

因為有些蛤蜊帶的鹹味比較重，所以調味前記得先試試味道，才放入鹽調味喔。

絲瓜和蛤蜊都會釋放水分，所以不用再額外加水。

Chapter 4

什蔬

在台灣的菜館看餐牌點菜時，大家總會發現 A 菜的蹤影，不少外來的人都會對這種以英文字母命名的蔬菜大感好奇。其實 A 菜屬於台灣萵菜的一種，被稱為 A 菜是因為台灣早期的語言溝通以閩南話為主，而台灣萵菜的發音有點類似「A 阿採」，講久了以後大家就統稱為「A 菜」了。不少人都以為 A 菜就是香港人平常吃到的油麥菜，然而它們只是「親戚」而已，味道頗接近，但不盡相同哦！

事實上，台灣主要食用的蔬菜跟香港也蠻相近，只是名稱上有差異，例如高麗菜（椰菜）、空心菜（通菜）、地瓜葉（番薯葉）、菠菜、茄子、四季豆等。以下我會介紹 9 道不同的蔬菜料理，來看看平時大家在香港常吃到的蔬菜能煮出甚麼不一樣的台式風味唷！

台式泡菜

材料	高麗菜（椰菜）	450 克	小黃瓜（小青瓜）絲	1 條
	糖	100 克	紅蘿蔔絲	少許
	醋	100 毫升	鹽	適量
4 人份 50 分鐘	水	200 毫升	蒸餾水／冷開水	適量

做法

首先將高麗菜用手剝成小塊狀，並均勻地灑上鹽後醃製 30-45 分鐘。（每 15 分鐘稍微翻動一次，讓鹽可以均勻分布在高麗菜上。）

糖、醋、水入鍋煮滾，放涼備用。

待高麗菜醃製好了以後，用蒸餾水將高麗菜洗淨並瀝乾。

最後將高麗菜、小黃瓜絲與紅蘿蔔絲放入保鮮盒（容器）中，再加入步驟②的醬汁，放進冰箱醃製至少 6 小時就完成了喔。

TIPS

蒸餾水非常的重要，主要是要用已殺菌的水，所以千萬不可以省略。

豆豉苦瓜小魚乾

材料				
	苦瓜	（約 300 克）1 條	醬油	½ 湯匙
	小魚乾	2 湯匙	米酒	½ 湯匙
4 人份	豆豉	1 湯匙	水	50 毫升
20 分鐘	蒜頭	3-4 瓣	糖	1 茶匙
	薑絲	少許	蔥花	少許
	辣椒（切粒）	1 隻		

做法

苦瓜切塊後，稍微汆燙後起鍋備用。

油鍋燒熱，將蒜頭與薑絲下鍋爆香。

接着倒入豆豉與小魚乾炒香。

加入苦瓜稍微拌炒後，接着放入醬油、米酒、糖和水煨煮。

待醬汁收乾，起鍋前再灑上少許蔥花與辣椒粒就完成了。

TIPS

苦瓜汆燙過後再煮，可以減少苦味。

喜歡苦瓜較軟爛口感的人，可以加多一點水分讓苦瓜煨煮久一點。

三杯杏鮑菇

材料	杏鮑菇	250 克	薑	5 片
	蠔油	2 湯匙	青蔥（切段）	3 根
3 人份	米酒	1 湯匙	辣椒（切粒）	1 隻
10 分鐘	糖	1 茶匙	九層塔	適量
	蒜頭	4 瓣		

做法

首先將杏鮑菇用滾刀切法，切成不規則的塊狀。

油鍋燒熱，把薑片、蒜頭和部分的蔥白下鍋爆香。

杏鮑菇下鍋，並將杏鮑菇炒出水分。

接着加入糖，並繼續炒至糖溶化，且杏鮑菇呈現金黃色。

再來淋上蠔油和米酒後繼續拌炒，直至醬汁收乾。

起鍋前加入九層塔、蔥段和辣椒粒，稍微拌炒後即可起鍋。

乾煸四季豆

材 料	豬絞肉（免治豬肉）	150 克	醬油	1 湯匙
	四季豆	250 克	米酒	1 湯匙
	蒜末	1 湯匙	糖	1 茶匙
3 人份	薑末	½ 湯匙	鹽	適量
15 分鐘	青蔥（切粒）	1 根	白胡椒粉	適量
	辣椒（切粒）	1 隻		

做 法

先在鍋內加入少許的油，並將四季豆
油煸過後備用。

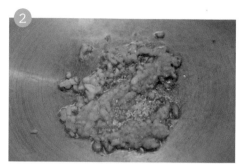

接着將蒜末、薑末、少許蔥粒下鍋
爆香。

將豬絞肉下鍋炒乾後，加入米酒拌炒
去腥。

再來將四季豆下鍋拌勻。

接着加入醬油、鹽、白胡椒粉和糖
調味。

起鍋前加入蔥花與辣椒粒，稍微拌炒
後就完成了。

破布子炒山蘇

材料	山蘇	1 把	破布子	1 湯匙
	丁香魚	20 克	破布子汁	½ 湯匙
3 人份 10 分鐘	蒜頭	3-4 瓣	辣椒（切絲）	1 隻

做法

首先將蒜頭爆香。

然後加入丁香魚炒香。

接着放入山蘇稍微拌炒。

加入破布子與破布子汁調味。

起鍋前加入少許辣椒絲就完成了。

TIPS

破布子會因為製作過程的不同而出現鹹度不一的情況，可依照實際情況加入鹽來調整味道。

山蘇是台灣特有的食用蔬菜，屬蕨類植物，葉片綠油油而富有光澤。

白菜滷

材料				
	豬五花肉（五花腩）（切片）	150 克	扁魚乾（大地魚乾）	4 片
	大白菜（切塊）	600 克	蝦米	10 克
	紅蘿蔔（切條）	50 克	雞蛋	2 隻
4 人份 30 分鐘	蒜頭	3-4 瓣		

做法

首先將扁魚乾油炸過後備用。

油鍋燒熱，豬五花肉炒至出油後，加入蒜頭與蝦米一起炒香。

加入大白菜與紅蘿蔔拌炒，炒至大白菜軟化出水。

接着加入扁魚乾煨煮。

大白菜在煨煮的時候，取另一鍋子，油鍋燒熱後將蛋液下鍋油炸成蛋酥。

最後將蛋酥加入大白菜中，等蛋酥吸滿了大白菜的湯汁就完成了。

TIPS

先將豬五花肉的油炒出來，然後用來爆香蒜頭和蝦米，就可以少用一點油，也少吃一點油脂。

喜歡湯汁多一點的人可以在製作步驟④的時候添加少許高湯，最後的成品就會呈現更多的湯汁了。

炸芋丸

材料	芋頭	600 克
	糖	55 克
4 人份 35 分鐘	地瓜粉	60 克

做法

首先將芋頭切成塊狀並蒸熟。

芋頭蒸熟後趁熱拌入糖，並壓成泥狀。

在芋泥中加入地瓜粉並揉成粉糰。

接着利用冰淇淋勺將芋泥挖成圓球狀。

最後用 180-190°C 的油溫將芋丸炸熟就完成了。

TIPS

芋丸也可以依照個人喜好包入鹹蛋黃或肉鬆，這樣可以吃出更多不同的變化喔。

櫻花蝦炒高麗菜

材料

高麗菜（椰菜）	½ 棵	蔥花	少許
紅蘿蔔絲	少許	鹽	少許
櫻花蝦	10 克	水	少許
蒜頭	3 瓣		

3 人份
10 分鐘

做法

首先將蒜頭爆香。

接着將紅蘿蔔絲與櫻花蝦下鍋炒香。

再來加入高麗菜與少許水一起拌炒。

起鍋前加鹽調味，並灑上蔥花即可。

TIPS

櫻花蝦本身已經有少許鹹味，所以加鹽調味前必須先試味。

蠔油茄子

材料	茄子	300 克	水	1 茶匙
	蒜末	1 茶匙	蔥花	少許
3 人份	九層塔	少許	辣椒粒	少許
10 分鐘	蠔油	2 湯匙		

做法

油鍋燒熱，將茄子稍微炒過後，起鍋備用。

同一油鍋，將蒜末與九層塔下鍋爆香。

接着將茄子回鍋，稍微拌炒後，加入蠔油和少許水煨煮。

待湯汁收乾後，加入蔥花與辣椒粒即可。

TIPS

選擇長條形的茄子口感會比較軟滑。

Chapter 5

湯羹

　　香港人最愛喝「老火湯」，其精粹在以大量材料慢火長時間熬煮湯水，有滋補強身的作用。香港人喝湯，重點都只在「湯」，「湯渣」很少拿來當主菜食用。台灣人卻鮮有「老火湯」這概念，湯品很少會作長時間的熬煮，而且不管是湯或是湯料都會食用，作為飯桌上其中一道菜餚。

　　台灣菜素有「湯湯水水」之稱，早期台灣還是以農村為主，物質不算充裕，為了省錢和方便，農民經常會煮一鍋可當湯又可為菜的湯羹，這樣就不會浪費食物，可以把食材吃光光啦！

　　以下我會介紹台灣菜中 12 道經典的湯羹料理，有補身的，有惹味的，有清淡的，有台灣特色風味的，總有一款合你口味。最重要是簡單易做，最快的 20 分鐘內就可食用喔！

麻油雞

材料	雞肉	1½ 公斤	香油（麻油）	1 湯匙
／	老薑	（約 10 片）1 塊	金桔餅	8 塊
5 人份	米酒	600 毫升	鹽	少許
50 分鐘	水	600 毫升		

做法

油鍋燒熱，先將薑片煸過。

接着將雞肉下鍋炒至外皮微焦。

再來倒入米酒和水煮滾。

最後加入金桔餅並轉成小火繼續煮
30-40 分鐘。

起鍋前加鹽調味，並淋上香油就完
成了。

TIPS

香油不耐高溫，所以最後才好加入喔！

米酒和水的比例可以依照個人喜好調
整；全部都是米酒也沒有問題。

食譜中加入金桔餅，不但可以減去雞
的油膩感，而且能讓湯頭變得甘醇可
口呢！

四神湯

材料	豬小腸（已洗淨及汆燙）300 克		茯苓	30 克
	蓮子	45 克	米酒	100 毫升
4 人份	薏仁	45 克	水	2000 毫升
60 分鐘	芡實	30 克	鹽	少許

做法

首先將中藥材稍微的沖洗後備用。

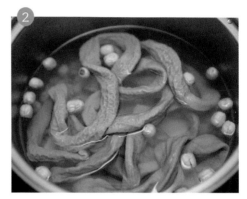

接着將所有材料（除鹽外）放入鍋中，熬煮約 60 分鐘，直至蓮子與薏仁變軟即可。

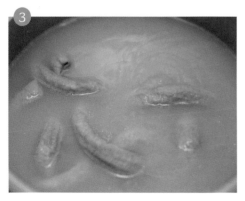

起鍋前加少許鹽調味，盛碗時用剪刀把小腸剪成小段即可。

TIPS

因為小腸經過烹煮後會縮小，如果先剪成小段可能會出現煮好以後過小的情況，所以建議吃之前才用剪刀剪成合適的長度。

食譜中用的是「茯苓」，市面上還有一種藥材叫「土茯苓」，兩者只差一字，卻是完全不一樣的藥材，小心別搞錯喔！

金針排骨湯

材料	乾燥金針花	30 克	白胡椒粉	少許
	排骨	600 克	鹽	少許
	蔥段	少許	水	1500 毫升
4 人份 45 分鐘	米酒	1 湯匙		

做法

金針花用水泡開。

排骨汆燙後用冷水洗淨。

將金針花、米酒與排骨放入鍋內，以
大火煮滾後轉小火繼續煮 30 分鐘。

起鍋前加入少許鹽和白胡椒粉調味，
吃時可按個人喜好加入蔥段同吃。

TIPS

喜歡金針花脆脆口感的人，可以在排骨湯完成前才將金針花加入煮熟。

鳳梨苦瓜雞

材料	雞肉	600 克
	蔭鳳梨	300 克
	苦瓜	1 條
5 人份 50 分鐘	水	2000 毫升

做法

雞肉汆燙後，洗淨備用。

鍋中加入全部材料，並開大火煮滾。

湯煮滾後轉小火繼續燉煮 50-60 分鐘，直至蔭鳳梨出味即可。

TIPS

蔭鳳梨是用新鮮鳳梨（菠蘿）加上糖、鹽、豆粕、甘草片和米酒醃製的漬物。

不同的品牌其鹹度略有不同，宜依照實際情況增減使用分量。

酸辣湯

材料

4 人份
20 分鐘

豬肉絲	300 克	烏醋（黑醋）	少許
紅蘿蔔（切絲）	1 條	香油（麻油）	少許
黑木耳（切絲）	適量	香菜（芫荽）	少許
金針菇	100 克	白胡椒粉	適量
豆腐	1 盒	太白粉（生粉）	適量
高湯／水	1500 毫升		
雞蛋	2 隻		
醬油	2 湯匙		
白醋	120 毫升		

豬肉絲醃料	醬油	1 湯匙
	米酒	½ 湯匙
	白胡椒粉	少許

做法

1. 首先將豬肉絲與醃料混合醃製約 10 分鐘。

2. 油鍋燒熱，將紅蘿蔔絲與黑木耳絲下鍋炒香。

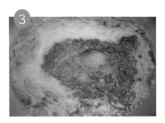

3. 接着加入高湯煮滾。

4. 高湯煮滾後轉為小火，並加入豬肉絲與醬油、白醋調味。

5. 再來加入太白粉水勾芡。

6. 接着加入豆腐與金針菇。

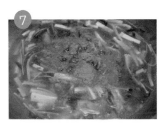

7. 待豆腐與金針菇煮熟後關火，淋上蛋液和灑上少許白胡椒粉就完成了。

8. 盛碗後再依照個人喜好淋上烏醋、香油，灑上少許白胡椒粉和香菜就可以享用了。

TIPS

最後才加入豆腐可以避免豆腐因為多次的攪動而被攪破。

蛋液加入以後，記得要先讓蛋液定形才好再做攪拌的動作。

肉羹湯

材料

豬後腿肉（豬腱）	600 克	
白蘿蔔	600 克	
高湯	2000 毫升	
柴魚粉	1½ 茶匙	
地瓜粉	2½ 湯匙	
鹽	少許	
香菜（芫荽）	少許	
太白粉（生粉）	適量	

4 人份
30 分鐘

醃料

蒜末	1½ 茶匙
米酒	1 湯匙
醬油	1 湯匙
糖	1½ 茶匙
香油（麻油）	少許
白胡椒粉	少許

做法

豬後腿肉切成條狀後與醃料充分混合醃製約 15 分鐘。

接着加入地瓜粉，並讓豬肉均勻地沾裹地瓜粉。

鍋中放水，水煮滾後轉為最小火，接着將豬肉放入水鍋中後，關火，備用。

取另一鍋子，加入高湯與白蘿蔔，並把高湯煮滾。

高湯煮滾後，將步驟③的肉羹撈起瀝乾，與柴魚粉一起加入蘿蔔湯中煮熟。

最後加入鹽調味，並以太白粉水勾芡就完成了。

TIPS

豬肉先用熱水泡到半熟，之後才加入高湯中煮熟，這樣可以保持肉質軟嫩的口感。

吃的時候可依照個人喜好加烏醋（黑醋）與香菜同吃，又是另一番滋味。

魷魚螺肉蒜

魷魚螺肉蒜

材料

5 人份
35 分鐘

乾香菇（冬菇）	15 朵
乾魷魚	1 隻
排骨	450 克
螺肉罐頭	1 罐
蒜末	1 湯匙
蒜苗	2 根
高湯／水	2000 毫升

做法

香菇與魷魚泡水、切絲備用。

排骨汆燙後洗淨備用。

油鍋燒熱,將蒜末與蒜苗白的部分下
鍋爆香。

再來將已泡發的香菇絲與魷魚絲下鍋
炒香。

高湯與排骨下鍋煮滾。

將螺肉罐頭內的湯汁下鍋煮滾,視乎
情況是否要加鹽調味。

起鍋前將螺肉與蒜苗下鍋煮熟就完
成了。

TIPS

魷魚剪成小塊狀後才泡水,
可以減少泡發的時間。

螺肉已經是煮熟的食材,所
以最後加入煮熱後即可。

山藥排骨湯

材料

山藥（切塊）	600 克	鹽	適量
排骨	600 克	水	1500 毫升
米酒	1 湯匙		

4 人份
45 分鐘

做法

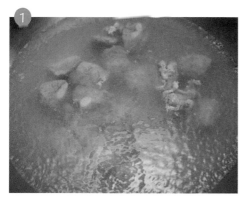

首先將排骨汆燙去血水。

再用冷水洗淨後備用。

鍋中加水，放入排骨、山藥與米酒煮滾後，轉小火繼續燉煮 30 分鐘。

最後加鹽調味就完成了。

TIPS

削去山藥的外皮時，容易被山藥的汁液弄得皮膚痕癢，處理時最好帶上手套喔！

醬瓜雞湯

材料

雞肉		900 克
花胡瓜		1 罐
薑		5-6 片
水		1500 毫升

4 人份
45 分鐘

做法

雞肉汆燙後，用冷水洗淨備用。

鍋中放入雞肉、薑片和水，並加入 100 毫升的花胡瓜醬汁，開大火煮滾。

待湯煮滾後，轉小火繼續燉煮 30 分鐘。

最後才將花胡瓜下鍋煮熱，並依照個人喜好添加適量調味料就完成了。

TIPS

花胡瓜最後才下鍋可以保留本身脆脆的口感，如果喜歡軟爛口感的話，可以在步驟②的時候一起加入。

最後調味的時候，如果花胡瓜醬汁有剩餘，可以利用該醬汁來調味。

蘿蔔排骨湯

材料	白蘿蔔（切塊）	600 克	香菜（芫荽）	少許
	排骨	600 克	鹽	適量
	薑	5 片	水	2000 毫升

4 人份
45 分鐘

做法

排骨汆燙去血水後，用冷水洗淨備用。

鍋中加水，放入排骨、薑片和白蘿蔔，大火煮滾後，轉小火繼續煮 30 分鐘。

最後加入適量的鹽調味，盛碗後灑上少許香菜就完成了。

TIPS

因為白蘿蔔屬於寒性的食物，所以建議加入少許薑片中和其寒性。

沙茶魷魚羹

材料

／

4 人份
20 分鐘

乾魷魚	200 克
紅蘿蔔絲	70 克
白蘿蔔絲	100 克
黑木耳絲	100 克
金針菇	75 克
雞蛋	4 隻
九層塔	少許
青蔥（切段）	1 根
蒜末	1½ 茶匙
高湯	1500 毫升
太白粉（生粉）	適量

調味料

柴魚粉	1½ 茶匙
沙茶醬	2 湯匙
醬油	1 湯匙
糖	2 茶匙
白胡椒粉	少許

做法

1. 首先將乾魷魚剪成條狀，泡水約 30 分鐘後備用。

2. 油鍋燒熱，將蒜末與蔥段下鍋爆香。

3. 接着將紅、白蘿蔔絲與黑木耳絲下鍋炒香。

4. 加入高湯與調味料後開大火煮滾並加入金針菇。

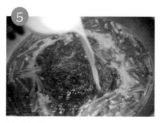

5. 接着加入已泡軟的魷魚條，並加入太白粉水勾芡。

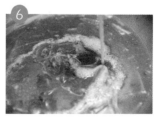

6. 最後倒入蛋液，吃之前再加入九層塔就完成了。

蛤蜊雞湯

材料

/

5 人份
50 分鐘

雞肉	600 克	水	2000 毫升
蛤蜊（蜆）	400 克	鹽	適量
蒜頭	30 克		

做法

雞肉汆燙後洗淨、瀝乾備用。

接着將雞肉、蒜頭和水放鍋中，用中大火煮滾後，轉小火續煮 30-40 分鐘。

最後放入蛤蜊，待蛤蜊煮開後，加入適量的鹽調味就完成了。

TIPS

蛤蜊打開後記得要稍微多煮一下，讓蛤蜊完全熟透。

蛤蜊本身帶鹹味，加鹽調味前記住要先試味啊！

Chapter 6

粥粉麵飯

　　跟香港人一樣，粥粉麵飯也是台灣人的主要食糧，只是烹煮方式各有不同。提到香港人的「粥粉麵飯」，大家或許會想到皮蛋瘦肉粥、魚蛋粉、雲吞麵、揚州炒飯之類，那麼台灣人的粥粉麵飯又是甚麼呢？我想到的有地瓜粥、米粉湯、紅燒牛肉麵、滷肉飯等。

　　現代人生活忙碌，經常在外面用餐，除非是跟家人朋友聚餐，否則上班族大多吃得簡單隨意，例如在台灣大家會叫一碗滷肉飯配一些小菜，或是到麵店吃一碗擔仔麵、米粉湯之類就當作一餐了。這些食物看似平凡普通，當中卻可以做出很多不同的變化喔，以下就讓我為大家示範一些台灣人經常會吃到的「粥粉麵飯」料理，簡單快捷的一餐，也可以滋味無窮的唷！

紅燒牛肉麵

材料

5人份
120分鐘

牛肉麵材料					
牛肋條	1公斤		辣豆瓣醬	2湯匙
牛腱	2條		沙茶醬	1湯匙
番茄（切塊）	1個		冰糖	1湯匙
洋蔥（切絲）	1個		米酒	4湯匙
辣椒	2隻		水	2000毫升
薑	6片		麵條	適量
青蔥（切段）	6根		青江菜（小棠菜）	少許
醬油	400毫升			

中藥包	
八角	3粒
花椒	2茶匙
肉豆蔻	1粒
草果	3粒
桂皮	2片
陳皮	1錢

酸菜材料	
酸菜（切末）	½碗
薑末	少許
蒜末	少許
辣椒粒	少許
糖	少許

TIPS

煮牛肉湯的水一定要一次加足，不可後續再額外添加。

做法

首先將牛肋條、牛腱、青蔥 3 根、薑 3 片與水放入鍋中，大火煮滾後轉小火續煮 60 分鐘。

在熬煮的過程中一定要將浮沫和雜質仔細移除。煮好後把牛肉撈起放涼備用。

油鍋燒熱，將餘下的薑片與青蔥下鍋爆香。

接着將洋蔥下鍋，慢火炒成金黃焦糖色。

辣豆瓣醬下鍋炒香。

加入醬油、沙茶醬、冰糖與米酒煮滾。

接着把步驟②熬煮牛肉的高湯、番茄、辣椒與中藥包加入煮滾。

待牛肉放涼後切塊，重新放回鍋中，用小火熬煮至少 45 分鐘。

燒熱另一鍋水，將麵條煮熟。

吃的時候將湯過濾後，只取湯、牛肉和麵盛碗，並加上酸菜和已燙熟的青江菜，就完成了！

酸菜製作

首先將薑末、蒜末與辣椒粒爆香。

接着將酸菜末放入炒香。

起鍋前加入少許糖調味即可。

滷肉飯

材料

10 人份
35 分鐘

豬絞肉（免治豬肉）	900 克	米酒	1 湯匙
冰糖	2 湯匙	油蔥酥	1 湯匙
醬油	4½ 湯匙	蒜酥（炸蒜茸）（可省略）	½ 湯匙
白胡椒粉	1 茶匙	水煮蛋	4 隻
五香粉	少許	油豆腐	10 塊
水	200 毫升		

做法

1 冰糖下鍋，炒至變成焦糖色。

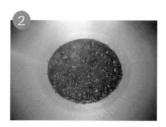

2 待冰糖煮溶變成焦糖色，加入水後盛起備用。（加入水時可能會有噴濺的情況，請小心操作。）

3 油鍋燒熱，將豬絞肉下鍋拌炒。

4 接着加入醬油、白胡椒粉、五香粉、米酒、油蔥酥與蒜酥拌炒。

5 再來加入步驟②的焦糖水一起燉煮。

6 最後加入水煮蛋與油豆腐滷到入味，吃時拌以白飯同吃就完成了。

TIPS

油蔥酥是台灣菜中經常使用的調味料之一，以紅蔥頭油炸製成，不但可以用來炒粉麵、煮湯，拿來拌菜和拌麵也很棒的喔！可以在售賣台灣食品的店鋪找到。

水的分量會因醬油品牌或個人口味而有所不同，請依照個人喜好增減。

米粉湯

材料

/

3 人份
25 分鐘

米粉	150 克	鮮蚵（蠔仔）	（可省略）數顆
蝦米	少許	芹菜	少許
乾香菇（冬菇）	4-5 朵	米酒	1 湯匙
豬肉絲	200 克	高湯	1500 毫升
鮮蝦	6 隻	白胡椒粉	少許

做法

1 香菇泡水切絲，芹菜切段備用。油鍋燒熱，先將蝦米爆香。

2 接着放入芹菜、香菇絲炒香。

3 再來放入豬肉絲拌炒。

4 加入高湯、米酒煮滾。

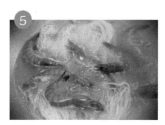

5 放入米粉與鮮蝦煮熟。

6 起鍋前才加入鮮蚵，並加少許白胡椒粉調味即可。

TIPS

蚵仔很快熟的，不用煮太久，否則會縮小的喔！

油飯

材料

長糯米	3 杯		油蔥酥	1 湯匙
香油（麻油）	1 湯匙		醬油	1 湯匙
蝦米	1 湯匙		蠔油	1½ 湯匙
乾香菇（冬菇）	7 朵		米酒	1 湯匙
豬肉絲	150 克		糖	1½ 茶匙
乾魷魚	½ 隻			

5 人份
30 分鐘

做法

乾魷魚先剪成條狀，泡水約 30 分鐘後備用。香菇泡水後，切絲備用。泡香菇的水留着備用。

長糯米以米 1：水 0.6 的比例用電子鍋（電飯煲）煮熟備用。

油鍋燒熱，將蝦米下鍋爆香。

然後加入香菇絲炒香。

放入魷魚和豬肉絲炒香。

接着加入泡香菇的水、油蔥酥、醬油、蠔油、米酒和糖。

TIPS

分次的加入醬料才不會加入過多的炒料，避免過鹹的情況。

喜歡油飯較軟口感的人，可以在拌勻過後放入蒸籠再蒸 15 分鐘即可。

待醬料煮好後起鍋，把糯米飯倒入鍋中，並分次的加入醬料和香油。

醬料與糯米飯充分拌勻後就完成了。

擔仔麵

材 料	油麵	100 克	豬肉片	2 片
	高湯	500 毫升	滷肉燥	1 湯匙
1 人份 20 分鐘	鮮蝦	2 隻		

做 法

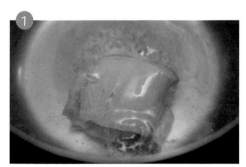

買來 1 塊新鮮豬肉，用滾水燙熟，切片備用。

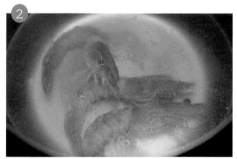

鮮蝦燙熟備用。

高湯煮滾備用。

油麵燙過撈出。

最後將所有食材盛碗，並淋上一湯匙肉燥就完成了。

TIPS

滷肉燥直接使用滷肉飯的肉燥即可（可參考 p.142）。

地瓜粥

材料

地瓜（番薯）	450 克
白米	1 杯
水	7 杯

4 人份
25 分鐘

做法

地瓜去皮切塊後備用。

白米洗淨後，把白米、地瓜與水一起
放入鍋中煮滾。

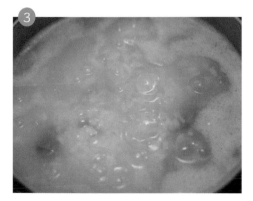

煮滾後轉為小火，續煮約 20 分鐘至
白米熟透就完成了。

TIPS

白米與水的比例約 1：6-8，可以
依照自己喜歡的濃稠度調整。

吃的時候可以和醬菜、豆腐乳一
起食用。

蚵仔麵線

材料	鮮蚵（蠔仔）	約 20 顆	白胡椒粉	1 茶匙
	紅麵線	160 克	高湯	1200 毫升
3 人份	醬油	1 湯匙	香菜（芫荽）	少許
20 分鐘	烏醋（黑醋）	1 湯匙	太白粉（生粉）	適量
	柴魚粉	1 茶匙	蒜泥	適量
	油蔥酥	1 茶匙	辣油	適量
	糖	1½ 茶匙	地瓜粉	適量

做法

鮮蚵洗淨，然後均勻地沾裹地瓜粉。

接着將鮮蚵放入滾水中，並關火。（泡熟。）

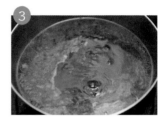

醬油、烏醋、柴魚粉、油蔥酥、糖、白胡椒粉、高湯一起放入湯鍋並煮滾。

加入紅麵線。

接着加入少許太白粉水勾芡。

最後再把鮮蚵與麵線結合，並依照個人喜好加入蒜泥、香菜與辣油即可。

TIPS

鮮蚵一定要用泡熟的方式才不會煮過頭，造成鮮蚵縮小、變老。

炒米粉

材料

/

4 人份
25 分鐘

米粉	350 克	蠔油	4 湯匙
豬肉絲	150 克	醬油	2 湯匙
紅蘿蔔絲	70 克	白胡椒粉	1 茶匙
洋蔥（切絲）	¼ 個	油蔥酥	1 湯匙
乾香菇（冬菇）	5 朵	蒜酥（炸蒜茸）	1 茶匙
蝦米	1 湯匙	水	600 毫升
高麗菜（椰菜）絲	少許		

做法

香菇泡水後切絲備用。（泡香菇的水留着備用。）米粉燙過後瀝乾，並放入碗中蓋上鍋蓋燜焗片刻，備用。

油鍋燒熱，爆香蝦米後，加入紅蘿蔔絲與香菇絲炒香。

加入豬肉絲與洋蔥絲炒香。

再來加入油蔥酥與蒜酥，繼續炒香。

之後加入高麗菜絲、蠔油、醬油、白胡椒粉、水和泡香菇的水，大火煮滾。

最後將步驟①的米粉倒入醬料中，並將米粉與醬料充分混合就完成了。

TIPS

做炒米粉的話，宜用幼身一點的米粉，例如台灣的新竹米粉，口感會比較好啊！

雞絲涼麵

材料

/

1 人份
15 分鐘

雞胸肉	1 塊		芝麻醬	2½ 湯匙
米酒	1 湯匙		花生醬（粉）	1 湯匙
青蔥	1 根		醬油	2 湯匙
薑	2 片	醬	白醋	1½ 湯匙
涼麵	200 克	汁	蒜末	1½ 湯匙
紅蘿蔔絲	少許		香油（麻油）	1 湯匙
小黃瓜（小青瓜）絲	少許		糖	1½ 湯匙
			水	100 毫升

做法

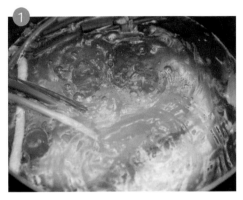

水鍋中加入米酒、青蔥與薑片，煮滾後加入雞胸肉，把雞肉煮熟後放涼並撕成絲狀備用。

用沸水將涼麵麵條煮熟，然後放進冰開水中冷卻，瀝乾水分備用。同時將醬汁的材料充分混合。

最後將涼麵、小黃瓜絲、紅蘿蔔絲與雞絲盛盤，再淋上醬汁就完成了。

Chapter 7

甜
品
小
吃

　　台灣夜市聞名於世，單是台北就有士林、寧夏、師大、饒河街等幾個著名夜市，小吃種類繁多，當中有鹹有甜，不少朋友到台灣逛夜市時，都不禁說:「食物太多，肚子太小，時間就更少！」然而無論肚皮有多撐，大家還是樂此不疲來一杯珍珠奶茶，那些被稱為「珍珠」的粉圓更是很多人的摯愛，大家都超愛它那「QQ」的口感。

　　台灣的平均氣溫比較高，所以民眾都有吃些冰涼食品來消暑的習慣，而芋圓、粉圓都屬於比較方便攜帶的小吃，變化也多，所以不管飲品或是刨冰，甚至熱的甜品都常常會添加這兩樣食材，它們大受歡迎可謂不無道理。我也很愛吃有嚼勁的食物，所以芋圓和粉圓也是我蠻喜歡的甜品呢！來到本書的最後部分，我會介紹 9 款最能代表台灣的特色小吃，希望大家都吃得開心滿足喔！

蛋餅

材料	中筋麵粉	150 克	水	300 毫升
3 人份 10 分鐘	地瓜粉	50 克	蔥花	少許
	太白粉（生粉）	15 克	雞蛋	3 隻

做法

將中筋麵粉、地瓜粉和太白粉充分混合。

再分次小量的加入水調勻。

接着加入蔥花攪拌均勻。

將麵糊倒入鍋內並均勻鋪平，待麵糊呈現半透明狀後就可以翻面。

把麵糊煎至兩面金黃後起鍋備用。

蛋液均勻打散後倒入鍋內。

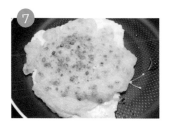

把餅皮放在半熟的蛋液上，待蛋液熟透後即可翻面。

最後將蛋餅捲起來後就可以盛盤了，吃的時候可以淋上醬油膏或是沾着辣椒醬同吃。

TIPS

可以在蛋餅中加入自己喜歡的食材，例如玉米（粟米）、起司（芝士）、鮪魚（吞拿魚）等。

芋圓湯

材料	芋頭	300 克	太白粉（生粉）	30 克
	地瓜粉	120 克	糖	4 湯匙

5 人份
45 分鐘

做法

芋頭刨絲後，下鍋蒸熟。

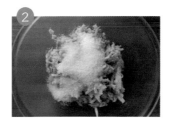

接着取出 ⅓ 的芋頭絲備用，剩下 ⅔ 的芋頭絲壓成泥狀，並與 2 湯匙糖充分混合。

加入 ⅓ 的芋頭絲、地瓜粉與太白粉揉成粉糰。

將芋頭糰揉成長條狀後切小塊。

鍋中放水煮滾，將芋圓下鍋煮至浮起即代表煮熟。

起鍋後加入 2 湯匙的糖蜜製。

放涼後再依照個人喜好加入甜湯或刨冰即可享用。

TIPS

地瓜圓的做法與芋圓相同，只需要把芋頭改成地瓜即可。

蜜製過後的芋圓可以放入冰箱的冰格冷藏保存，吃之前再拿出來重新水煮過後即可食用。

未經烹煮的芋圓，可以撒上少許地瓜粉，這樣不易互相沾黏，也方便保存。沒煮完的芋圓放到冰箱的冰格冷藏，吃的時候直接從冰格拿出來煮熟就可以。

蚵仔煎

材料

／

2 人份
15 分鐘

鮮蚵（蠔仔）	100 克	鹽	少許
地瓜粉	20 克	雞蛋	1 隻
太白粉（生粉）	10 克	小白菜	適量
水	40 毫升	海山醬	適量

做法

把地瓜粉、太白粉、鹽與水調和後備用。

油鍋燒熱，先將鮮蚵加入拌炒。

接着倒入步驟①的麵糊。

待麵糊稍微凝固以後，把小白菜鋪在上面續煮。

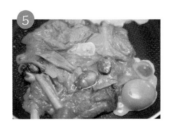
最後加入雞蛋，可按個人喜好把雞蛋煎至半生熟或全熟，吃的時候淋上海山醬即可。

TIPS

台灣的小白菜，跟香港常吃到的品種有點不一樣，如果買不到的話，可以用其他蔬菜代替，例如高麗菜（椰菜）、韭菜、豆芽等。

海山醬在台灣被視為萬用沾醬，其主要成分有番茄醬、醬油膏、糖、太白粉等，部分海山醬會加入豆瓣醬做成微辣的味道，也有些加入味噌以增加豆香氣。海山醬的用途非常廣泛，台灣人吃肉圓、蚵仔煎、甜不辣、筒仔米糕等傳統台式小吃時，總愛蘸點海山醬同吃。海山醬在售賣台灣食品的店鋪可找到。

滷牛腱

材料

/

6-8 人份
80 分鐘

牛腱	4 條
醬油	100 毫升
米酒	100 毫升
冰糖	1½ 湯匙
辣豆瓣醬	1 湯匙
青蔥（切段）	4 根
薑	4 片
水	2500 毫升

中藥包

八角	3 粒
桂皮	2 片
丁香	1 錢
小茴香	1 錢
草果	1 粒
花椒	1 茶匙

做法

牛腱用滾水汆燙後撈起備用。

油鍋燒熱，將薑、青蔥下鍋爆香。

接着將冰糖、辣豆瓣醬下鍋炒香。

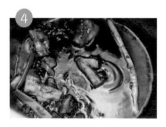

再來將醬油、米酒下鍋。

加入水、牛腱和中藥包一起大火煮滾。

煮滾後轉小火繼續熬煮60 分鐘後關火，並把牛腱泡在湯汁中入味至少1 個晚上就完成了。冷吃、熱吃同樣美味！

TIPS

牛腱放涼後才切片，這樣可以切得較美觀。

蚵仔酥

材料

	鮮蚵（蠔仔）	300 克
	米酒	1 湯匙
3 人份	地瓜粉	適量
10 分鐘	九層塔	少許
	胡椒鹽	適量

做法

鮮蚵洗淨、瀝乾後淋上米酒去腥。

接着將鮮蚵均勻地沾裹地瓜粉。

起油鍋，用 190℃ 的油溫將鮮蚵炸熟。

起鍋前開大火，九層塔下鍋炸香，盛盤後灑上少許胡椒鹽就完成了。

TIPS

起鍋前轉成大火可以幫助鮮蚵把油脂逼出。

魚香烘蛋

材料

雞蛋	4 隻		辣豆瓣醬	1 湯匙
豬絞肉（免治豬肉）	150 克		糖	1 茶匙
木耳（切絲）	少許		米酒	1 湯匙
薑末	1 茶匙		醬油	1 茶匙
蒜末	1 茶匙		高湯／水	150 毫升
蔥花	少許		芡水（生粉水）	少許

4 人份
20 分鐘

做法

油鍋燒熱，豬絞肉下鍋拌炒。

利用豬絞肉炒出來的油脂將薑末、蒜末、蔥花炒香。

接着加入辣豆瓣醬，並將其炒香。

加入糖、米酒和醬油拌炒。

再來加入木耳絲與高湯。

接着加入少許芡水，煮滾後備用。

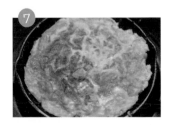

另起油鍋，將蛋液打散後以大火煎成烘蛋，最後再將步驟⑥的肉末淋在烘蛋上就完成了。

地瓜球

材料		
	地瓜（番薯）	400 克
	地瓜粉	240 克
5 人份	糖	80 克
40 分鐘		

做法

地瓜去皮洗淨後切成塊狀，放入蒸鍋中蒸熟。

地瓜蒸熟後，趁熱加入糖均勻攪拌，利用餘溫讓糖溶化。

接着加入地瓜粉均勻攪拌成糰狀。

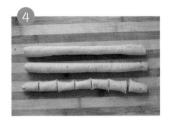
再來把地瓜糰揉成長條狀並切成小塊。

將小塊的地瓜糰揉成圓球狀。

起油鍋，在冷油的時候放入地瓜球。

待地瓜球開始冒泡、浮起的時候，用鍋鏟把地瓜球推到鍋邊，將地瓜球稍微壓扁。

待地瓜球慢慢變大後就可以開大火，將外皮炸至金黃色即可。

TIPS

地瓜球入鍋後不要去攪動它，直至地瓜球開始冒較多的泡泡後，再用鍋鏟稍稍的將它挑起離開鍋底，以免沾鍋。

蔥油餅

材料

中筋麵粉	320 克	鹽	2 茶匙
滾水	160 毫升	白胡椒粉	少許
冷水	50-70 毫升	香油（麻油）	少許
蔥花	240 克		

4 人份
80 分鐘

做法

中筋麵粉過篩後加入滾水燙麵。

均勻攪拌後分次、小量的加入冷水。

揉成糰狀後靜置約 60 分鐘。

等待期間，將蔥花、鹽、白胡椒粉和香油充分混合後備用。

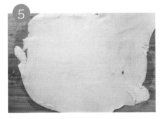
麵糰靜置好後，切成 4 小份並淋上少許香油，然後將麵糰擀開。

在麵皮上均勻地灑上蔥花。

再來將麵皮捲成長條狀。

然後將麵皮捲成圓形。

最後將蔥油餅下鍋油煎，煎至外皮金黃就完成了。

TIPS

加入冷水時一定要分次加入，這樣才不會加入過多的水造成麵糰無法成形。

在調配蔥花或是擀麵糰的時候可以添加少許豬油，會讓香味更豐富。

芋頭甜湯

材料

芋頭	650 克
水	1500 毫升
冰糖	適量

5 人份
45 分鐘

做法

芋頭切塊後,和水一起放入鍋中,開大火煮滾。

待水煮滾後,轉小火煮大約 40 分鐘至芋頭熟透,最後加入冰糖調味就完成了。

TIPS

▤ 大火煮滾後轉成小火續煮,才能保持芋頭的形狀。

▤ 待芋頭煮熟後才可以加糖調味,否則會影響芋頭的口感,怎樣煮也不鬆化。

▤ 芋頭的挑選可以選擇相同大小,但是較輕的那個。

醬油膏

　　醬油膏顧名思義就是膏狀的醬油，其原料主要就是醬油，但吃起來的口感比醬油濃稠，也因為這樣的特性，醬油膏比較容易沾附在食物上，所以通常是拿來當做沾醬用，當然也是可以用在料理當中，只是相對來說是較少用於烹煮的過程的。

　　傳統的醬油膏做法，是在醬油中加入小量的糯米汁蒸煮。糯米汁裡所含的澱粉在蒸煮的過程中被分解為糖分，所以醬油膏吃起來會比一般醬油甘甜。

破 布 子

　　破布子又稱樹子，是一種紫草科植物的
果實，在中醫上來說還是一種藥材。台灣市
面上買到的破布子罐頭就是取用這種植物的
果實，用開水煮沸後再用調味料將它醃製起
來，吃起來口味微酸，甜甜中帶有鹹味，不管
是搭配着白稀飯吃或是將它拿來入饌都很適
合喔。

豆酥

豆酥其實就是豆渣,把豆渣烘乾,去除水分後就是豆酥了。

台灣市面售賣的豆酥通常有兩種:有調味和沒有調味的。有調味的話通常會加入鹽和糖,另外有些在製作過程中可能會加入蒜酥增加杳氣,所以如果有特別需求的話,記得在購買前看清楚成分喔。

蔭鳳梨

　　早年食物保存不易，為了延長食物的保
存期限，很多東西都會被拿來做成醃製品，
蔭鳳梨當然也是其中之一，主要的材料有新
鮮的鳳梨、豆粕、鹽、米酒、甘草和糖，然
後將這些材料放入罐中讓它自然發酵後，就
成了我們常見的蔭鳳梨了，它那酸酸甜甜的
味道是很多人的最愛，而且放愈久它愈香喔～

油蔥酥

　　油蔥酥是我認為非常能夠代表台灣的調味料之一，它主要的形態分成兩種，一種是含有豬油的，一種是乾的。（照片中是含有豬油的。）

　　它的成分很簡單，只有油脂和紅蔥頭，利用油脂把切成片狀的紅蔥頭炸成金黃酥脆就是我們常見的油蔥酥了，而特別講究的人還會嚴格要求一定要使用豬油炸紅蔥頭，因為他們認為這樣才能夠增加它的香氣，味道才夠充足，這也是最傳統的做法。

　　大部分的人會拿它來拌青菜、拌麵等，主要的作用就是拿來增加料理的風味。

海山醬

　　海山醬的做法主要是利用很多不同的醬料組合出來的，例如豆瓣醬、味噌、醬油、糖、水、番茄醬、甘草粉等，所以它的口味和顏色也就會依照每種不同的比例而有所不同，但吃起來的味道主要還是以微甜、微辣為主軸，一般來說會拿來加在蚵仔煎、油飯或是肉糉上。

　　至於海山醬的名字由來有很多說法，但較被大家所接受的說法是因為它用途廣泛，不管是山珍海味它都沾煮皆宜，所以取名為海山醬。

在家吃台菜——
71道簡易台灣家常料理

文·攝	【男人廚房1+1】Colin Chen
總編輯	葉海旋
編輯	李小媚
書籍設計	RiTa Chan (BlackTa)
出版	花千樹出版有限公司
	地址:九龍深水埗元州街290-296號1104室
	電郵:info@arcadiapress.com.hk
	網址:www.arcadiapress.com.hk
台灣發行	遠景出版事業有限公司
	電話:(886)2-22545560
印刷	美雅印刷製本有限公司
初版	2016年1月
第二版	2018年5月
ISBN	978-988-8265-47-3